刘薰宇 ◎ 著

数学
真有趣儿
①

走进数学世界

民主与建设出版社
·北京·

图书在版编目（CIP）数据

数学真有趣儿 / 刘薰宇著 . -- 北京：民主与建设
出版社，2023.3（2024.6 重印）
ISBN 978-7-5139-4155-6

Ⅰ . ①数… Ⅱ . ①刘… Ⅲ . ①数学—儿童读物 Ⅳ .
① 01-49

中国国家版本馆 CIP 数据核字（2023）第 070511 号

数学真有趣儿
SHUXUE ZHEN YOUQUER

著　　者	刘薰宇	
责任编辑	郭丽芳　周　艺	
封面设计	明婷设计	
出版发行	民主与建设出版社有限责任公司	
电　　话	（010）59417747　59419778	
社　　址	北京市海淀区西三环中路 10 号望海楼 E 座 7 层	
邮　　编	100142	
印　　刷	三河市天润建兴印务有限公司	
版　　次	2023 年 3 月第 1 版	
印　　次	2024 年 6 月第 2 次印刷	
开　　本	710 毫米 ×1000 毫米　1 / 16	
印　　张	35	
字　　数	450 千字	
书　　号	ISBN 978-7-5139-4155-6	
定　　价	158.00 元（全 5 册）	

注：如有印、装质量问题，请与出版社联系。

前　言

　　本书是著名的数学教育家刘薰宇，针对孩子们在学习中所需要掌握的数学知识，专门为孩子们编写的一套数学科普经典图书。本书内容丰富，作者用幽默风趣的文字和对数学的严谨态度，讲述了和差问题、差倍问题、和倍问题、工程问题、相遇问题、追及问题、时钟问题、年龄问题、工程问题、利润和折扣问题、流水问题、列车过桥问题、植树问题等典型数学应用题问题，以及系统地阐述了函数、连续函数、诱导函数、微分、积分和总集等概念及它们的运算法的基本原理，引导孩子了解数学，明白学习数学的意义，点燃孩子学习数学的热情。

　　此外，本书中搜集了许多经典的趣味数学题目，如鸡兔同笼、韩信点兵等，以及大量贴近日常生活的案例，作者通过大量图表，步骤详尽地讲述了如何通过作图来求解一些四则运算问题，既开拓了孩子的思维，又提升了数学学习能力！这样一来，看似枯燥的数学变得趣味十足，孩子能在轻松阅读的过程中，做到真正掌握数学，所以本书非常适合中小学生自主阅读。

在学习中，让孩子对学习充满热情远比强迫孩子去记住某一知识点更重要。为了更好地呈现刘薰宇先生原著的魅力，本书结合现今孩子的阅读习惯，进行了重新编绘。

首先，本书版式精美，形式活泼，加入了富有趣味性的插画，增加孩子阅读的兴趣；其次，我们在必要的地方，精心设计了"知识归纳""知识拓展""例题思考""小问题"等多个板块，引导孩子快速获取本节的重点；最后，本书的内容难易适度，与孩子在学习阶段的教学基本内容紧密相关，让孩子在快乐阅读中不仅能巩固数学知识，还能运用数学中的知识去解决生活中遇到的一些问题。

总之，本书的最终目的和宗旨就是为了让孩子能更轻松愉快地学好数学。

好了，不多说了，快来翻开这本书吧！让我们随着《数学真有趣儿》，开启充满乐趣的数学之旅吧！

目 录

第一部分　马先生谈算学

第一部分

马先生谈算学

01 他是这样开场的

文科和理科一定要分开吗？

学年成绩发表不久的一个下午，初中二年级的两个学生李大成和王有道在教员休息室的门口站着谈话。

李："真危险，这次的算学平均只有 59.5 分，要不是四舍五入，就不及格，又得补考。你的算学真好，总是九十几分、一百分。"

王："我的地理不及格，下学期一开学就得补考，这个暑假玩也玩不痛快了。"

3

李："地理！很容易！"

王："你自然觉得容易呀，我真不行，看起地理来，总觉得枯燥，一点儿趣味没有，无论勉强看了多少次，总是记不完全。"

李："你的悟性好，所以记忆力不行，我呆记东西倒还容易，要想解算学题，那真难极了，简直不知道从哪里想起。"

王："所以，我主张文科和理科一定要分开，喜欢哪一科就专学哪一科，既能专心，也免得白费力气去学些毫无趣味、不相干的东西。"

李大成虽没有回答，但好像默认了这个意见。坐在教员休息室里，懒洋洋地看着报纸的算学教师马先生已听见了他们谈话的内容。他们在班上都算是用功的，马先生对他们也有相当的好感。因此，想对他们的意见加以纠正，便叫他们到休息室里，带着微笑问李大成："你对于王有道的主张有什么意见？"

由于马先生这一问，李大成直觉地感到马先生一定不赞同王有道的意见，但他并没有领会到什么理由，因而踌躇了

一阵回答道："我觉得这样更便当些。"

马先生微微摇了摇头，表示不同意："便当？也许你们这时年轻，在学校里的时候觉得便当，要是照你们的意见去做，将来就会感到大大的不便当了。你们要知道，初中的课程这样规定，是经过了若干年的经验和若干专家的研究的。各科所教的都是生活中不可缺少的常识，不但是人人必需，也是人人能领受的……"

为什么各学科所教的是"人人必需"和"人人能领受"的？

　　虽然李大成和王有道平日对于马先生的学识和耐心教导很是敬仰，但对于这"人人必需"和"人人能领受"却很怀疑。不过两人的怀疑略有不同，王有道认为地理就不是人人必需，李大成却认为算学不是人人能领受。当他们听了马先生的话后，各自的脸上都露出了不以为然的神气。

　　马先生接着对他们说："我知道你们不会相信我的话。王有道，是不是？你一定以为地理就不是必需的。"

　　王有道望一望马先生，不回答。

这些课程是人人必需学的。

"但是你只要问李大成，他就不这么想。照你对于地理的看法，李大成就可说算学不是必需的。你试说说为什么人人必需要学算学？"

　　王有道不假思索地回答："一来我们日常生活离不开数量的计算，二来它可以训练我们，使我们变得更聪明。"

　　马先生点头微笑说："这话有一半对，也有一半不对。第一点，你说因为日常生活离不开数量的计算，所以算学是必需的。这话自然很对，但看法也有深浅不同。从深处说，恐怕不但是对于算学没有兴趣的人不肯承认，就是你在你这个程度也不能完全认识，我们姑且丢开。就浅处说，自然买油、买米都用得到它，不过中国人靠一个算盘，懂得'小九九'就活了几千年，何必要学代数呢？平日买油、买米哪里用得到解方程式？我承认你的话是对的，不过同样的看

法，地理也是人人必需的。从深处说，我们姑且也丢开，就只从浅处说。假如我们读新闻，没有充足的地理知识，你读了新闻，能够真懂得吗？阿比西尼亚在什么地方？为什么意大利一定要征服它？为什么意大利起初打阿比西尼亚的时候，许多国家要对它施以经济的制裁，到它居然征服了阿比西尼亚的时候，大家又把制裁取消？再者，对于一个国家来说，各个方面的困难处境和地理相关的知识也不少，所以，我们真的要了解的话，没有地

学好地理也很重要。

理知识是不行的。

　　"至于第二点，'算学可以训练我们，使我们变得更聪明'，这话只有前一半是对的，后一半却是一种误解。所谓训练我们，只是使我们养成一些做学问和事业的良好习惯，如：注意力要集中，要始终如一，要不苟且，要有耐性，要有秩序等。这些习惯，本来人人都可以养成，不过需要有训练的机会，学算学就是把这种机会给了我们。但切不可误解了，以为只是学算学有这样的机会。学地理又何尝没有这样的机会呢？各种科学都是建立在科学方法上的，只有探索的对象不同。算学是科学，地理也是科学，只要把它当成一件事做，认认真真地学习，上面所说的各种习惯都可以养成。但是说到

知识归纳

　　之所以各学科知识都是人人必需学的，是因为它们不仅与我们的日常生活密切联系，而且还可以训练我们，帮助我们养成一些做学问和事业的良好习惯。

使人变得聪明，一般人确实有这样的误解，以为只有学算学能够做到。其实，学算学也不能够使人变得聪明。一个人初学算学的时候，思索一个题目的解法非常困难，学得越多，思索起来越容易，这固然是事实，一般人便以为这是变得聪明了，这只是表面的看法，不过是逐渐熟练的结果，并不是什么聪明。学地理的人，看地图和描地图的次数多了，提起笔来画一个中国地图的轮廓，形状大致可观，这不是初学地理的人能够做到的，也不是什么变得更聪明了。

"你们总承认在初中也闹什么文理分科是不妥当的吧！"马先生用这话来作结束。

如何让枯燥的学习变得活泼有趣？

　　对于这些议论王有道和李大成虽然不表示反对，但只认为是马先生鼓励他们对于各科都要用功的话。因为他们觉得有些科目性质不相近，无法领受，与其白费力气，不如索性不学。尤其是李大成认为算学实在不是人人所能领受的，于是他向马先生提出这样的质问："算学，我也知道人人必需，只是性质不相近，一个题目往往一两个小时做不出来，所以觉得还是把时间留给别的书好些。"

数学太难了，还不如学别的呢。

其实数学并不难，只要掌握了方法就容易多了。

　　"这自然是如此，与其浪费时间，毫无所得，不如做点儿别的。王有道看地理的时候，他一定觉得毫无兴趣，看一

两遍，时间浪费了，仍然记不住，倒不如多演算两个题目。但这都是偏见，学起来没有趣味，以及得不出什么结果，你们应当想，这不一定是科目的关系。至于性质不相近，不过是一种无可奈何的说明，人的脑细胞并没有分成学算学和学地理两种。据我看来，学起来不感兴趣，便常常不去亲近'它'，因此越来越觉得和'它'不能相近。至于学着不感兴趣，大概是不得其门而入的缘故，这是学习方法的问题。就地理说，现在是交通极发达、整个世界息息相通的时代，用新闻纸来作引导，我想，学起来不但津津有味，也更容易记忆。比如，中国参加世界运动会的选手的行程，不是从上海出发起，每到一处都有电报和通信来吗？若是一面读这种电报，一面用地图和地理教科书作参考，那么从中国到德国的这条路线，你就可以完全明了而且容易记牢了。

中国到印度要经过哪里呢？

地理

用时事来作线索去读地理，我想也是学习的好方法。又如，你读《西游记》不会觉得枯燥、无趣，是因为，你读了以后，有趣的故事会让我们知道在唐朝时从中国到印度要经过什么地方。这只是举例的说法。《西游记》中有唐三藏、孙悟空、猪八戒，中国参加世运团中的运动员的行程岂不正是一部最新改良特别版的《西游记》吗？'随处留心皆学问'，这句话用到这里，再确切不过了。总之，不让学习变得索然无味，就读书不要太受教科书的束缚，这样才可以得到鲜活的知识。"

王有道听了这话,脸上露出心领神会的气色,快活地问道:"那么,学校里教地理为什么要用一本死板的教科书呢?若是每次用一段新闻来讲不是更好吗?"

"这是理想的办法,但事实上有许多困难。地理也是一门科学,它有它的体系,新闻所记录的事件,并不是按照这体系发生的,所以不能用它作材料来教授。一切课程都是如此,教科书是有体系的基本知识,是经过提炼和组织的,所以是死板的,和字典、辞书一样。求活知识要以当前所遇见的事象作线索,而用教科书作参考。"

李大成原是对地理有兴趣而且成绩很好,听到马先生这番议论,不觉心花怒发,但同时起了一个疑问。他感到困难的算学,照马先生的说法,自然是人人必需,无可否认的了,

啊,这样计算也太不方便了!

但怎样才是人人能领受的呢？怎样可以用活的事象作线索去学习呢？难道碰见一个龟鹤算的题目，硬要去捉些乌龟、白鹤摆来看吗？并且这样的呆事，他也曾经做过，但是一无所得。他计算"大小二数的和是三十，差是四，求二数"这个题目的时候，曾经用三十个铜板放在桌上来试验。先将四个铜板放在左手上，然后两手同时从桌上把剩下的铜板一个一个地拿到手里。到拿完时，左手是十七个，右手是十三个，因而他知道大数是十七，小数是十三。但他不能从这试验中写出算式（30 − 4）÷ 2 = 13 和 13 + 4 = 17 来。他不知道这位被同学们称为"马浪荡"并且颇受尊敬的马先生对于学习地理的意见是非常好的，他正教着他们代数，为什么没有同样的方法指导他们呢？

于是，他向马先生提出了这个疑问："地理，这样学习，自然人人可以领受了，难道算学也可以这样学吗？"

小词题

已知两个数的和是35，差是15，那么这两个数是多少？

解：_____

15

"可以，可以！"马先生毫不犹豫地回答，"不过内在相同，情形各异罢了。我最近正在思索这种方法，已经略有所得。好！就让我们共同完成第一次的试验吧！今天我们谈话的时间也很久了，好在你们和我一样，暑假中都不到什么地方去，以后我们每天来谈一次。我觉得学算学需弄清楚算术，所以我现在注意的全是学习解算术问题的方法。算术的根底打得好，对于算学自然有兴趣，进一步去学代数、几何也就不难了。"

从这次谈话的第二天起，王有道和李大成还约了几个同学每天来听马先生讲课。以下便是李大成的笔记，经过他和王有道的斟酌而修正过的。

02 怎样具体地表出数量以及两个数量间的关系学

学习一种东西，首先要端正学习态度。现在一般人学习，只是用耳朵听老师讲，把讲的牢牢记住。用眼睛看老师写，用手照抄下来，也牢牢记住。这正如拿着口袋到米店去买米，付了钱，让别人将米倒在口袋里，自己背回家就万事大吉一样。把一口袋米放在家里，肚子就不会饿了吗？买米的目的，是为了把它做成饭，吃到肚子里，将饭消化了，吸收营养，将污并秽排泄。所以饭得自己煮，自己吃，自己消化，养料

学习就跟吃饭一样

什么是科学的学习方法?

得自己吸收,污秽得自己排。就算买的是饭,饭是别人喂到嘴里去的,但进嘴以后的一切工作只有靠自己了。学校的老师所能给予学生的只是生米和煮饭的方法,最多是饭,喂到嘴里的事,就要靠学生自己了。所以学习是要把先生所给的"米"变成"饭",自己"嚼",自己"消化",自己"吸收",自己"排泄"。教科书要成一本教科书,有必不可少的材料,给学生讲课也有少不了的话,正如米要成米有必不可少的成

拿去,自己消化!

a+b=c

分一样，但对于学生不是全有用处，所以读书有些是用不到记的，正如吃饭有些要排出来一样。

学习和研究这两个词，大多数人都在乱用。读一篇小说，就是在研究文学，这是错的。不过学习和研究的态度应当一样。研究应当依照科学方法，学习也应当依照科学方法。所谓科学方法，就是从观察和实验收集材料，加以分析、综合整理。学习也应当如此。要明了"的"字的用法，必须先留心各式各样含有"的"字的句子，然后比较、分析……

如何将抽象的数和量具体化？

算学，就初等范围内说，离不开数和量，而数和量都是抽象的，两条板凳和三支笔是具体的，"两条""三支"以及"两"和"三"全是抽象的。抽象的，按理说是无法观察和实验的。然而为了学习，我们不妨开一个方便法门，将它具体化。昨天一个四岁的小朋友跑来向我要五个铜板，我忽然想到测试她认识数量的能力，先只给她三个。她说只有三个，我便问她还差几个。于是她把左手的五指伸出来，右手将左手的中指、无名指和小指捏住，看了看，说差两个。这就是数量的具体表出的方便法门。这方便法门，不仅是小孩子学习算学的基础，也是人类建立全部算学的基础，我们所

20

用的不都是十进制数吗？

　　用指头代替铜板，当然也可以用指头代替人、马、牛，然而指头只有十个，而且分属于两只手，所以第一步就由用两只手进化到用一只手，将指头屈伸着或作种种形象以表示数。不过数大了仍旧不便。好在人是高级动物，这点聪明还是有的，于是进化到用笔涂点子来代替手指，到这一步自然能表出更多的数了。不过点子太多也难一目了然，而且在表示数和数的关系时更不方便。因此，有必要将它改良。

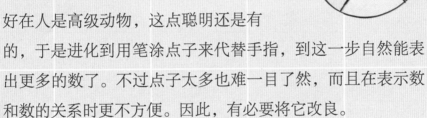

十进制数是指组成以 10 为基础的数字系统，由 0、1、2、3、4、5、6、7、8、9 十个基本数字组成。十进制在我国使用的历史十分悠久，早在商朝时期，人们已经学会使用和记三万以内的数字。

既然可以用"点"来作具体地表出数的方便法门，当然也可以用线段来代替"点"。严格地说，画在纸上的"点"和线段其实是一样的。

用线段来表示数量：

第一步，很容易想到这两种形式：—，＝，≡……和｜，‖，‖……这和"点"一样不方便，应该再加以改良。

第二步，为何不将这些线段连接成一条长的线段，成为竖的

或横的 1 2 3 4 5 6 呢?

用多长的线段表出1，这是个人的自由，所以只要在纸上画一条长线段，再在这线段上随便作一点算是起点"0"，再从这起点"0"起，依次取等长的线段便得1，2，3，4……

这是数量的具体表出的方便法门。

如何用画图来计算四则运算？

有了这方便法门，算学上的四个基本法则，都可以用画图来计算了。

（1）加法——这用不着说明，如图1，便是 5 + 3 = 8。

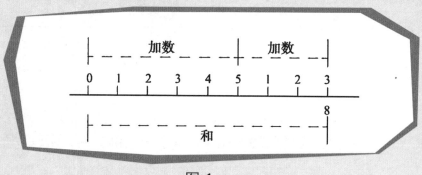

图 1

（2）减法——只要把减数反向画就行了，如图2，便是 8 - 3 = 5。

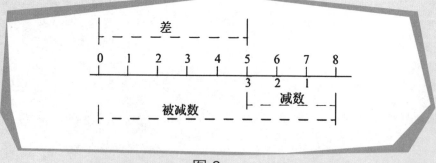

图 2

（3）乘法——本来就是加法的简便方法，所以和加法的画法相似，只需所取被乘数的段数和乘数的相同。不过有小数时，需参照除法的画法才能将小数部分画出来。如图3，便是 $5 \times 3 = 15$。

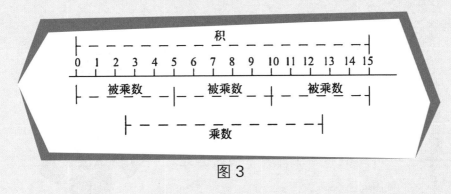

图 3

（4）除法——这要用到几何画法中的等分线段的方法。如图4，便是 $15 \div 3 = 5$。

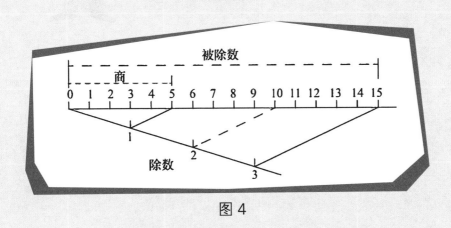

图 4

图中表示除数的线是任意画的，画好以后，便从 0 起在上面取等长的任意三段 01，12，23，再将 3 和 15 连起来，过 1 画一条线和它平行，这线正好通过 5，5 就是商数。图中 2 至 10 的虚线是为了看起来更清爽画的，实际上却没有必要。

小问题

用画图的方法计算下面的算式。

4+5=　　　7-4=

2×7=　　　16÷4=

两个数有几种具体表出法？

懂得了四则运算的基础画法了吗？现在进一步再来看两个数的几种关系的具体表出法。

两个不同的数量，当然，若是同时画在一条线段上，是要弄得眉目不清的。假如这两个数量根本没有什么瓜葛，那就自立门户，各占一条路线好了。若是它们多少有些牵连，要同居分炊，怎样呢？正如学地理的时候，我们要明确地懂得一个城市在地球上什么地方，得知道它的经度和纬度一样。这两条线一是南北向，一是东西向，自不相同。但若将这城

市所在的地方的经度画一张图，纬度又另画一张画，那还成什么体统呢？画地球是经、纬度并在一起，表示两个不同而有关连的数。现在正可借用这个办法。

用两条十字交叉的线，每条表示一个数量，那交点就算是共通的起点 0，这样来源相同，趋向各别的法门，倒也是一件好玩的事情。

（1）差一定的两个数量的表出法。

• 例一

兄年十三岁，弟年十岁，兄比弟大几岁？

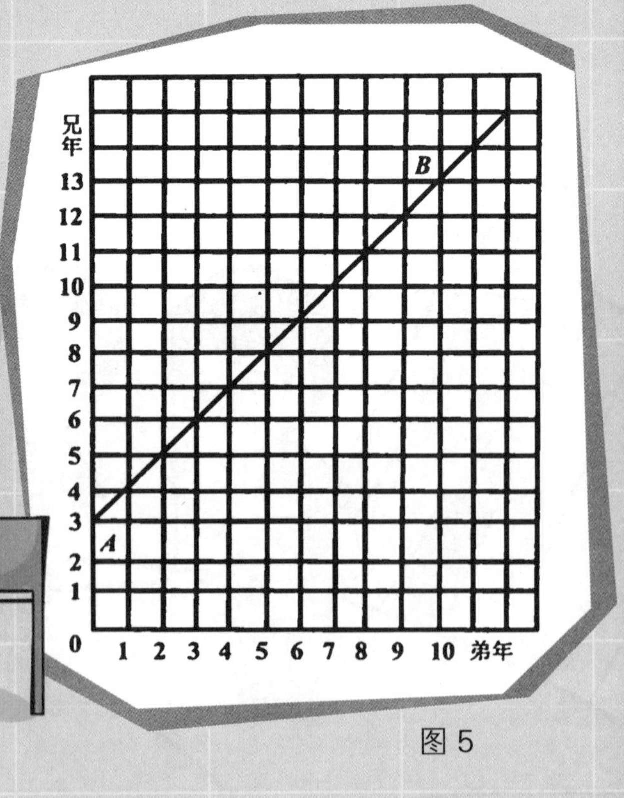

图 5

用横的线段表示弟的年岁，竖的线段表示兄的年岁，他们俩差三岁，就是说兄三岁的时候弟才出生，因而得 A。但兄十三岁的时候弟是十岁，所以竖的第十条线和横的第十三条是相交的，因而得 B。

这图上的各点横竖一看，便可知道：

（Ⅰ）兄年几岁（例如 5 岁）时，弟年若干岁（2 岁）。

（Ⅱ）兄、弟年纪的差总是 3 岁。

（Ⅲ）兄年 6 岁时，是弟弟的两倍。

……

我 9 岁。

我比弟弟大几岁？

（2）和一定的两数量的表出法。

张老大、宋阿二分十五块钱,张老大得九块,宋阿二得几块?

用横的线段表示宋阿二得的, 竖的线段表示张老大得的。张老大全部拿了去, 宋阿二便两手空空, 因得 A 点。反过来, 宋阿二全部拿了去, 张老大便两手空空, 因得 B 点。

由这线上的各点横竖一看, 便知道:

图 6

(1)张老大得九块的时候, 宋阿二得六块。(2)张老大得三块的时候, 宋阿二得十二块……(3)一数量是它一数量的一定倍数的表出法。

一个小孩子每小时走二里路，三小时走多少里？

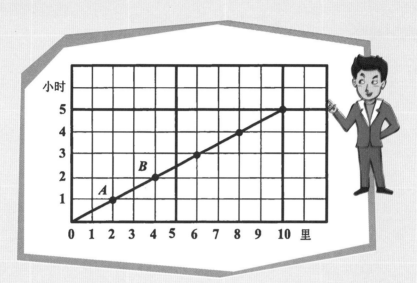

图 7

用横的线段表示里数，竖的线段表示时数。第一小时走了 2 里，因而得 A 点。两小时走了 4 里，因得 B 点。由这线上的各点横竖一看，便可知道：

（Ⅰ）3 小时走了 6 里。

（Ⅱ）4 小时走了 8 里。

03 解答如何产生：交差原理

"昨天讲的例子，你们总没有忘掉吧！——若是这样健忘，那就连吃饭、走路都学不会了。"

马先生一走进门，还没立定，笑嘻嘻地这样开场。大家自然只是报以微笑，马先生于是口若悬河地开始这一课的讲演。

昨天的例子，图上都是一条直线，各条直线都表出了两个量所保有的一定关系。从直线上的任意一点，往横看又往下看，马上就知道了，符合某种条件的甲量在不同的时间，乙量是怎样。如图7，符合每小时走二里这条件，4 小时便走了 8 里，5 小时便走了 10 里。

这种图，对于我们当然很有用。比如说，你有个弟弟，

32

每小时可走六里路，他离开你出门去了。你若照样画一张图，他离开你后，你坐在屋里，只要看看表，他走了多久，再看看图，就可以知道他离你有多远了。倘若你还清楚这条路沿途的地名，你就可以知道他已到了什么地方，还要多长时间才能到达目的地。倘若他走后，你突然想起什么事，需得关照他，正好有长途电话可用，只要沿途有地点可以和他通电话，你岂不是很容易找到打电话的时间和通话的地点吗？

这是一件很巧妙的事，已落了中国旧小说无巧不成书的老套。古往今来，有几个人碰巧会遇见这样的事？这有什么用场呢？你也许要这样找碴儿。然而这只是一个用来打比方的例子，照这样推想，我们一定能够绘制出一幅地球和月亮运行的图吧。

从这上面，岂不是在屋里就可以看出任何时候地球和月

亮的相互位置吗？这岂不是有了孟子所说的"天之高也，星辰之远也，苟求其故，千岁之日至，可坐而致也"那副神气吗？算学的野心，就是想把宇宙间的一切法则，统括在几个式子或几张图上。

按现在说，这似乎是犯了夸大狂的说法，姑且丢开，转到本题。算术上计算一道题，除了混合比例那一类以外，总只有一个解答，这解答靠昨天所讲过的那种图，可以得出来吗？

当然可以，我们不是能够由图上看出来，张老大得九块钱的时候，宋阿二得的是六块钱吗？

不过，这种办法对于这样简单的题目是可以得出来，但遇见较复杂的题目，就很不方便了。比如，将题目改成这样：

张老大、宋阿二分十五块钱，怎样分法，张老大比宋阿二多得三块？

张老大	15 块	14 块	13 块	12 块	11 块	10 块	9 块
宋阿二	0 块	1 块	2 块	3 块	4 块	5 块	6 块

当然我们可以这样老老实实地去把解法找出来：张老大拿十五块的时候，宋阿二一块都拿不到，相差的是十五块。张老大拿十四块的时候，宋阿二可得一块，相差的是十三块……这样一直看到张老大拿九块，宋阿二得六块，相差正好是三块，这便是答案。

这样的做法，就是对于这个很简单的题目，也需做到六次，才能得出答案。较复杂的题目，或是题上数目较大的，那就不胜其烦了。

从张老大拿十五块，宋阿二得不着，相差十五块，不对题；马上就跳到张老大拿十四块，宋阿二得一块，相差十三块，实在太胆大。为什么不看一看，张老大拿十四块九角，十四块八角……乃至于十四块九角九分九九九……的时候怎样呢？

喔！若是这样，那还了得！从十五到九中间有无限的数，要依次看去，何时看得完？而且比十五稍稍小一点儿的数，谁看见过它的面孔是圆的还是方的？

　　老老实实的办法，就不是办法！人是有理性的动物，变戏法要变得省力气、有把握，才会得到看客的赞赏呀！

　　所以算术上的解法必须更巧妙一些。

要学会活学活用哟！

什么是交差原理?

这样,就来讲交差原理。

照昨天的说法,我们不妨假设,两个量间有一定的关系,可以用一条线表示出来。这里说假设,是虚心的说法,因为我们只讲过三个例子,不便就冒冒失失地概括一切。其实,两个量的关系,用图线(不一定是直线)表示,只要这两个量是实量,总是可能的。那么像刚刚举的这个例题,既包含两种关系:第一,两个人所得的钱的总和是十五块;第二,两个人所得的钱的差是三块。当然每种关系都可画一条线来表示。

所谓一条线表示两个数量的一种关系,精确地说,就是:无论从那条线上的哪一点,横看和竖看所得的两个数量都有同一的关系。

假如，表示两个数量的两种关系的两条直线是交叉的，那么，相交的地方当然是一个点，它继承这一房的产业，同时也继承另一房的产业。所以，由这一点横看竖看所得出的两个数量，既保有第一条线所表示的关系，同时也保有第二条线所表示的关系。换句话说，便是这两个数量同时具有题上的两个关系。

　　这样的两个数量，不用说，当然是题上所要的答案。

试将前面的例题画出图来看，那就非常明了了。

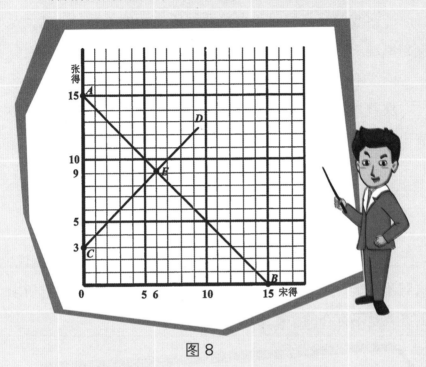

图 8

第一个条件，"张老大、宋阿二分十五块钱"，这是两人所得的钱的和一定，用线表出来，便是 AB。

第二个条件，"张老大比宋阿二多得三块钱"，这是两人所得的钱的差一定，用线表出来，便是 CD。

AB 和 CD 相交于 E，就是 E 点既在 AB 上，同时也在 CD 上，所以两条线所表示的条件，它都包含。

由 E 横看过去，张老大得的是九块钱；竖看下来，宋阿二得的是六块钱。

正好，九块加六块等于十五块，就是 AB 线所表示的关系。

而九块比六块多三块，就是 CD 线所表示的关系。

E 点正是本题的解答。

"两线的交点同时包含着两线所表示的关系。"这就是交差原理。顺水推舟，就这原理再补充几句。

两线不止一个交点怎么办？

那就是这题不止一个答案。不过，此话是后话，暂且不表出，以后连续的若干次讲演中都不会遇见这种情形。

两线没有交点怎样？

那就是这题没有解答。

没有解答还成题吗？

不客气地说，你就可以说这题不通；客气一点儿，你就说，这题不可能。所谓不可能，就是照题上所给的条件，它所求的答案是不存在的。

比如，前面的例题，第二个条件，换成"张老大比宋阿二多得十六块钱"，画出图来，两直线便没有交点。事实上，这非常清晰，两个人分十五块钱，无论怎样，不会有一个人比另一个人多得十六块钱的。只有两人暂时将它存起来生利息，连本带利到了十六块钱以上再来分，然而，这已超出题目的范围了。

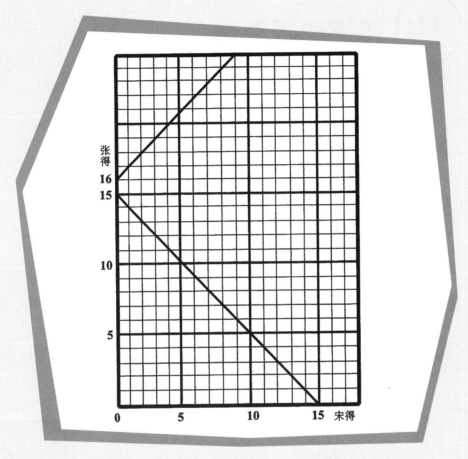

图 9

　　教科书上的题目，是著书的人为了学习的人方便练习编造出来的，所以，只要不是排错，都会得出答案。至于到了实际生活中，那就不一定有这样的运气。因此，注意题目是否可能，假如不可能，解释这不可能的理由，都是学习算学的人应当做的工作。

04 就讲和差算署

和差问题

• 例一

大小两数的和是十七，差是五，求两数。

马先生侧着身子在黑板上写了这么一道题，转过来对着听众，两眼向大家扫视了一遍。

"周学敏，这道题你会算了吗？"周学敏也是一个对于学习算学感到困难的学生。

周学敏站起来，回答道："这和前面的例子是一样的。"

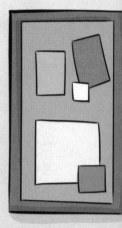

"不错，是一样的，你试将图画出来看看。"周学敏很规矩地走上讲台，迅速在黑板上将图画了出来。

马先生看了看，问："得数是多少？"

"大数十一，小数六。"

虽然周学敏得出了这个正确的答案，但他好像不是很满意，回到座位上，两眼迟疑地望着马先生。

马先生觉察到了，问："你还放心不下什么？"

周学敏立刻回答道："这样画法是懂得了，但是这个题的算法还是不明白。"

图 10

马先生点了点头说："这个问题，很有意思。不过你们应当知道，这只是算法的一种，因为它比较具体而且可以依据一定的法则，所以很有价值。由这种方法计算出来以后，再仔细地观察、推究算术中的计算法，有时便可得出来。"

如图10，OA 是两数的和，OC 是两数的差，CA 便是两数的和减去两数的差，CF 恰是小数，又是 CA 的一半。因此就本题说，便得出：

$$(17-5)\div2=12\div2=6(小数)$$
$$\vdots\quad\vdots\quad\vdots\quad\vdots$$
$$\underbrace{OA\ OC}\quad CA\quad CF$$
$$CA$$

$$6+5=11(大数)$$
$$\vdots\quad\vdots\quad\vdots$$
$$CF\ OC\ OF$$

OF 既是大数，FA 又等于 CF，若在 FA 上加上 OC，就是图中的 FH，那么 FH 也是大数，所以 OH 是大数的二倍。

和差问题：

和差问题，指已知两数的和及它们的差，求这两个数各是多少的应用题。

由此，又可得下面的算法：

$$(17+5)\div2=22\div2=11(大数)$$

⋮　　⋮　　　⋮　　　⋮

OA　AH　　OH　　OF

$$\underbrace{OA\ AH}_{OH}$$

$$11-5=6(小数)$$

⋮　　⋮　⋮

OF　OC　CF

　　记好了 OA 是两数的和，OC 是两数的差，由这计算，还可得出这类题的一般的公式来：

（和＋差）÷2＝大数，大数－差＝小数；

或

（和－差）÷2＝小数，小数＋差＝大数。

和倍问题

大小两数的和为二十，小数除大数得四，大小两数各是
多少？

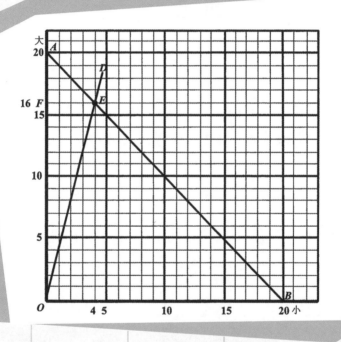

图 11

这道题的两个条件是：

（1）两数的和为二十，这便是和一定的关系；（2）小数除大
数得四，换句话说，便是大数是小数的四倍——倍数一定的关系。
由（1）得图中的 AB，由（2）得图中的 OD。AB 和 OD 交于 E。

46

由 E 横看得 16，竖看得 4。大数 16，小数 4，就是所求的解答。

"你们试由图上观察，发现本题的计算法，和计算这类题的公式。"马先生一边画图，一边说。

大家都睁着双眼盯着黑板，还算周学敏勇敢："OA 是两数的和，OF 是大数，FA 是小数。"

"好！FA 是小数。"马先生好像对周学敏的这个发现感到惊异，"那么，OA 里一共有几个小数？"

"5 个。"周学敏说。

"5 个？从哪里来的？"马先生有意地问。

"OF 是大数，大数是小数的 4 倍。FA 是小数，OA 等于 OF 加上 FA。4 加 1 是 5，所以有 5 个小数。"王有道回答。

"那么，本题应当怎样计算？"马先生问。

"用 5 去除 20 得 4，是小数；用 4 去乘 4 得 16，是大数。"我回答。

马先生静默了一会儿，提起笔在黑板上一边写，一边说："要这样，在理论上才算完全。"

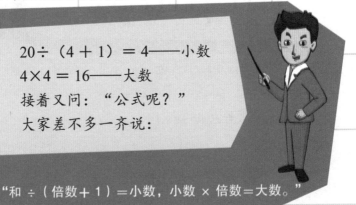

$20 \div (4 + 1) = 4$——小数
$4 \times 4 = 16$——大数
接着又问："公式呢？"
大家差不多一齐说：

"和 ÷（倍数 + 1）= 小数，小数 × 倍数 = 大数。"

47

差倍问题

大小两数的差是六，大数是小数的三倍，求两数。

马先生将题目写出以后，一声不响地随即将图画出，问："大数是多少？"

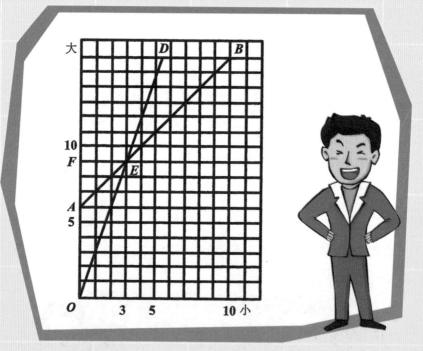

图 12

"9。"大家齐声回答。

"小数呢？"

"3。"也是众人一齐回答。

48

"在图上，*OA* 是什么？"

"两数的差。"周学敏说。

两数的差。

"*OF* 和 *AF* 呢？"

"*OF* 是大数，*AF* 是小数。"我抢着说。

"*OA* 中有几个小数？"

"3 减 1 个。"王有道表示不甘示弱地争着回答。

"周学敏，这题的算法怎样？"

"$6 \div (3-1) = 6 \div 2 = 3$——小数，$3 \times 3 = 9$——大数。"

"李大成，计算这类题的公式呢？"马先生表示默许以

后说。

"差 ÷（倍数－1）＝小数，小数 × 倍数＝大数。"

倍比问题

周学敏和李成分三十二个铜板，周学敏得的比李成得的三倍少八个，各得几个？

马先生在黑板上写完这道题目，板起脸望着我们，大家不禁哄堂大笑，但不久就静默下来，望着他。

马先生说："这回，老文章有点儿难套用了，是不是？第一个条件两人分三十二个铜板，这是'和一定的关系'，这条线自然容易画。第二个条件却含有倍数和差，困难就在这里。王有道，表示这第二个条件的线怎样画法？"

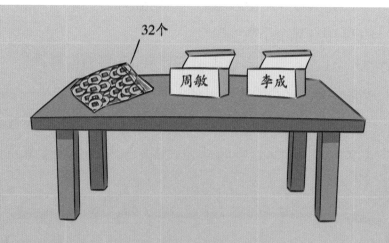

王有道受窘了，紧紧地闭着双眼思索，右手的食指不停地在桌上画来画去。

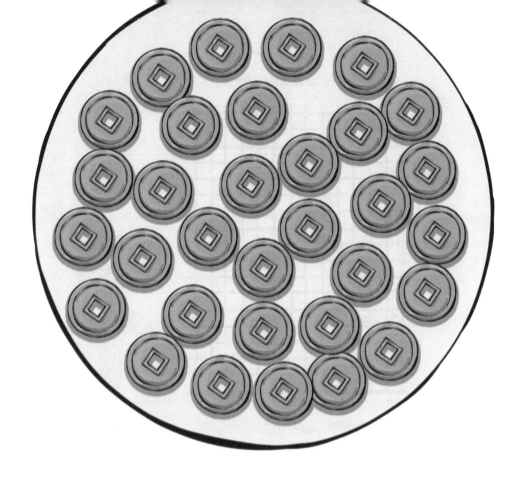

马先生说："西洋镜凿穿了，原是不值钱的。只要想想昨天讲过的三个例子的画线法，本质上毫无分别。现在不妨先来解决这样一个问题，'甲数比乙数的二倍多三'，怎样用线表示出来？

"在昨天我们讲最后几个例子的时候，每图都是先找出 A、B 两点来，再连接它们成一条直线，现在仍旧可以依样画葫芦。

"用横线表乙数，纵线表甲数。

"甲比乙的二倍多三，若乙是 0，甲就是 3，因而得 A 点。若乙是 1，甲就是 5，因而得 B 点。

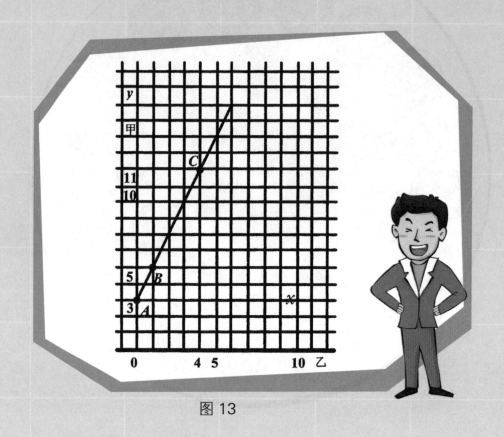

图 13

"现在从 AB 上的任意一点，比如 C，横看得 11，竖看得 4，不是正合条件吗？

"若将表示小数的横线移到 $3x$，对于 $3x$ 和 $3y$ 来说，AB 不是正好表示两数定倍数的关系吗？

"明白了吗？"马先生很庄重地问。

大家只以沉默表示已经明白。接着，马先生又问："那么，表示'周学敏得的比李成得的三倍少八个'，这条线怎么画？周学敏来画画看。"大家又笑一阵。周学敏在黑板上画成下图：

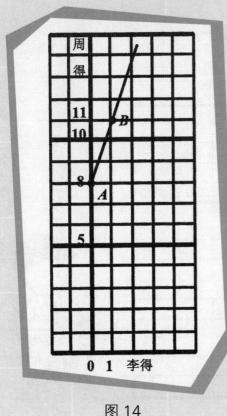

图 14

"由这图看来，李成一个钱不得的时候，周学敏得多少？"马先生问。

"8 个。"周学敏说。

"李成得 1 个呢？"

"11 个。"有一个同学回答。"那岂不是文不对题吗？"这样一来大家又呆住了。

毕竟王有道的算学好，他说："题目上是'比三倍少八'，不能这样画。"

"照你的意见，应当怎么画？"马先生问王有道。

"我不知道怎样表示'少'。"王有道说。

"不错，这一点需要特别注意。现在大家想，李成得三个的时候，周学敏得几个？"

"1 个。"

"李成得四个的时候呢？"

"4 个。"

"这样 A、B 两点都得出来了，连结 AB，对不对？"

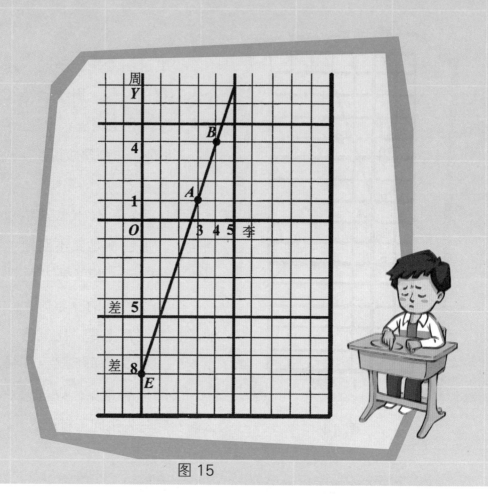

图 15

　　"对——"大家露出有点儿乐得忘形的神气，拖长了声音这样回答，简直和小学三四年级的学生一般，惹得马先生也笑了。

　　"再来变一变戏法，将 AB 和 OY 都向相反方向拉长，得交点 E。OE 是多少？"

　　"8。"

　　"这就是'少'的表出法，现在归到本题。"马先生接着画出了图 16。

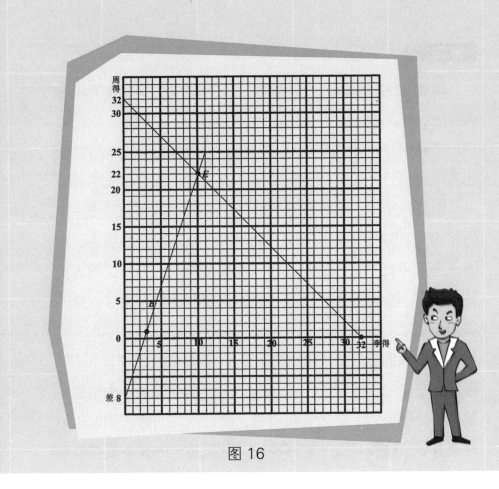

图 16

"各人得多少？"

"周学敏二十二个，李成十个。"周学敏回答。

"算法呢？"

"（32 + 8）÷（3 + 1）= 40 ÷ 4 = 10——李成得的数。

10 × 3 - 8 = 30 - 8 = 22——周学敏得的数。"我说。

"公式是什么？"

好几个人回答："（总数 + 少数）÷（倍数 + 1）= 小数，

小数 × 倍数 - 少数 = 大数。"

• 例二

两数的和是十七，大数的三倍与小数的五倍的和是六十三，求两数。

"我用这个题来结束这第四段。你们能用画图的方法求出答案来吗？各人都自己算算看。"马先生写完了题这么说。

跟着，没有一个人不用铅笔、三角板在方格纸上画——方格纸是马先生预先叫大家准备的——这是很奇怪的事，没有一个人不比平常上课用心。同样都是学习，为什么有人被强迫着，不免想偷懒；没有人强迫，反而比较自由了，倒一齐用心起来。这真是一个谜。

像小学生交语文作业给先生看，期望着先生说一声"好"，便回到座位上等待誊正一般，大家先后画好了拿给马先生看。这也是奇迹，八九个人全没有错，而且画完的时间相差也不过两分钟。这使马先生感到愉快，从他脸上的表情就可以看出来。不用说，每个人的图，除了线有粗细以外，全是一样的，简直好像印板印的一样。

大家回到座位上坐下来，静候马先生讲解。他却不讲什么，突然问王有道："王有道，这道题用算术的方法怎样计算？你来给我代课，讲给大家听。"马先生说完了就走下讲台，让王有道去做临时先生。

王有道虽然有点儿腼腆，但最终还是拖着脚上了讲台，拿着粉笔，硬做起先生来。

"两数的和是十七，换句话说，就是：大数的一倍与小数的一倍的和是十七，所以用三去乘十七，得出来的便是：大数的三倍与小数的三倍的和。

"题目上第二个条件是大数的三倍与小数的五倍的和是六十三，所以若从六十三里面减去三乘十七，剩下来的数里，只有'五减去三'个小数了。"

王有道很神气地说完这几句话后，便默默地在黑板上写出下面的式子，写完低着头走下讲台。

$$(63-17\times3)\div(5-3)=12\div2=6——小数$$
$$17-6=11——大数$$

马先生接着上了讲台：

"这个算法，你们大概都懂得了吧？我想你们依照前几个例子的样儿，一定要问：'这个算法怎样从图上可以观察得出来呢？'这个问题把我难住了。我只好回答你们，这是没有法子的。你们已学过了一点儿代数，知道用方程式来解算术中的四则问题。有些题目，也可以由方程式的计算，找出算术上的算法，并且对于那算法加以解释。但有些题目，要这样做却很勉强，而且有些简直勉强不来。各种方法都有各自的立场，这里不能和前几个例子一样，由图上找出算术中的计算法，也就因为这个。

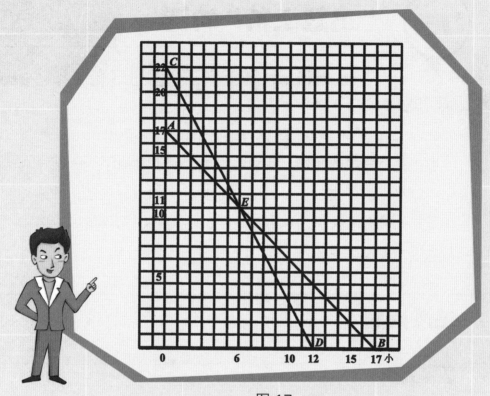

图 17

　　"不过，这种方法比较具体而且确定，所以用来解决问题比较方便。由它虽有时不能直接得出算术的计算法来，但一个题已有了答案总比较易于推敲。对于算术方法的思索，这也是一种好处。

　　"这一课就这样完结吧。"

05 "追赶上前"的话

"讲第三段的时候，我曾经说过，倘若你有了一张图，坐在屋里，看看表，又看看图，随时就可知道你出了门的弟弟离开你已有多远。这次我就来讲关于走路这一类的问题。"马先生今天这样开场。

追及问题

• 例一

赵阿毛上午八点由家中动身到城里去，每小时走三里。上午十一点，他的儿子赵小毛发现他忘了带东西，便拿着从后面追去，每小时走五里，什么时候可以追上?

这题只需用第二段讲演中的最后一个作基础便可得出来。用横线表示路程，每一小段一里；用纵线表示时间，每两小

每小时走 2500 米

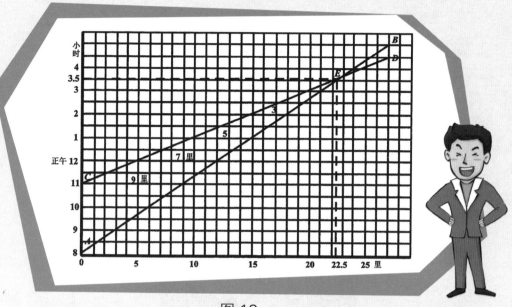

图 18

段一小时——纵横线用作单位 1 的长度，无妨各异，只要表示得明白。

因为赵阿毛是上午八点由家中动身的，所以时间就用上午八点作起点，赵阿毛每小时走三里，他走的行程和时间是"定倍数"的关系，画出来就是 AB 线。

赵小毛是上午十一点动身的，他走的行程和时间对于交在 C 点的纵横线来说，也只是"定倍数"的关系，画出来就是 CD 线。

每小时走 1500 米

9 里

AB 和 *CD* 交于 *E*，就是赵阿毛和赵小毛父子俩相遇的时间点。

终于追上了！

　　从 *E* 点横看，得下午三点半，这就是解答。

　　"你们仔细看这个，比上次的有趣味。"趣味！今天马先生从走进课堂直到现在，都是板着面孔的，我还以为他有什么不高兴的事，或是身体不适呢！听到这两个字，知道他将要说什么趣话了，精神不禁为之一振。但是仔细看一看图，

> **追及问题的公式**
> 　　速度差 × 追及时间 = 路程差（追及路程）
> 　　路程差 ÷ 速度差 = 追及时间（同向追及）
> 　　速度差 = 路程差 ÷ 追及时间

依然和上次的各个例题一样，只有两条直线和一个交点，真不知道马先生说的趣味在哪里。别人大概也和我一样，没有看出什么特别的趣味，所以整个课堂上，只有静默。打破这静默的，自然只有马先生："看不出吗？嘻！不是真正的趣味'横'生吗？"

"横"字说得特别响，同时右手拿着粉笔朝着黑板上的图横着一画。虽是这样，但我们还是猜不透这个谜。

"大家横着看！看两条直线间的距离！"因为马先生这么一提示，果然，大家都看那两条线间的距离。

"看出了什么？"马先生静了一下问。

"越来越短，最后变成了零。"周学敏回答。

"不错！但这表示什么意思？"

"两人越走越近，到后来便碰在一起了。"王有道回答。

"对的，那么，赵小毛动身的时候，两人相隔几里？"

"九里。"

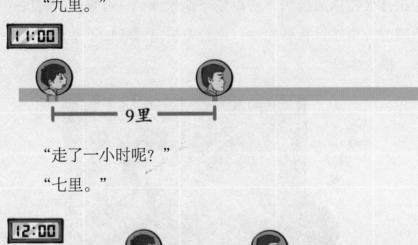

"走了一小时呢？"

"七里。"

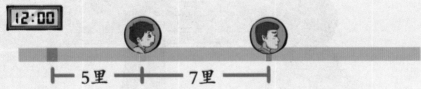

"再走一小时呢？"

"五里。"

"每走一小时，赵小毛赶上赵阿毛几里？"

"二里。"这几次差不多都是齐声回答，课堂里显得格外热闹。

"这二里从哪里来的？"

"赵小毛每小时走五里，赵阿毛每小时只走三里，五里
减去三里，便是二里。"我抢着回答。

　　"好！两人先隔开九里，赵小毛每小时能够追上二里，
那么几小时可以追上？用什么算法计算？"马先生这次向着
我问。

　　"用二去除九得四点五。"我答。

　　马先生又问："最初相隔的九里怎样来的呢？"

　　"赵阿毛每小时走三里，上午八点动身，走到上午十一点，
一共走了三小时，三三得九。"另一个同学这么回答。

　　在这以后，马先生就写出了下面的算式：

$$3^{里} \times 3^{小时} \div (5^{里} - 3^{里}) = 9^{里} \div 2^{里} = 4.5^{小时} \text{——赵小毛走的时间}$$
$$11^{时} + 4.5^{时} - 12^{时} = 3.5^{时} \text{——即下午三点半}$$

　　"从这次起，公式不写了，让你们去如法炮制吧。从
图 18 还可以看出来，赵阿毛和赵小毛碰到的地方，距家是
二十二里半。若是将 *AE*、*CE* 延长，两线间的距离又越来越长，
但 *AE* 翻到了 *CE* 的上面。这就表示，若他们父子碰到以后，
仍继续各自前进，赵小毛便走在了赵阿毛前面，越离越远。"

　　试将这个题改成"甲每小时行三里，乙每小时行五里，甲动身
后三小时，乙去追他，几时能追上？"这就更一般了，画出图来，
当然和前面的一样。不过表示时间的数字需换成 0，1，2，3……

65

• 例二

甲每小时行三里，动身后三小时，乙去追他，四小时半追上，乙每小时行几里？

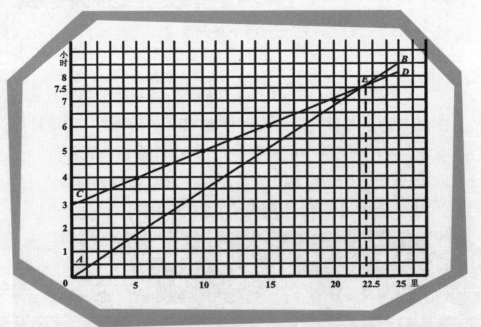

图 19

对于这个题，表示甲走的行程和时间的线，自然谁都会画了。就是表示乙走的行程和时间的线，经过了马先生的指示，以及共同的讨论，知道：因为乙是在甲动身后三小时才动身，而得 C 点。又因为乙追了四小时半赶上甲，这时甲正走到 E，而得 E 点，连结 CE，就得所求的线。再看每过一小时，横线对应增加 5，所以知道乙每小时行五里。这真是马先生说的趣味横生了。

不但如此，图上明明白白地指示出来：甲七小时半走的路程是二十二里半，乙四小时半走的也正是这么多，所以很容易使我们想出这题的算法。

$$3^{里} \times (3 + 4.5) \div 4.5 = 22.5^{里} \div 4.5 = 5^{里} \text{——乙每小时走的}$$

但是马先生的主要目的不在讨论这题的算法上，当我们得到了答案和算法后，他又写出下面的例题。

•例三

甲每小时行三里，动身后三小时，乙去追他，追到二十二里半的地方追上，求乙的速度。

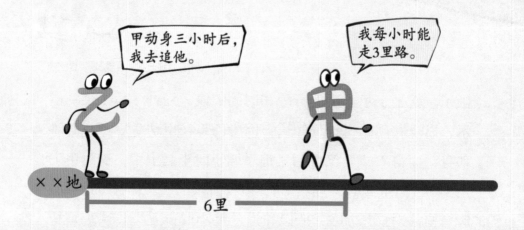

跟着例二来解这个问题，真是十分轻松，不必费心思索，就知道应当这样算：

$22.5^{里} \div (7.5 - 3)\ = 22.5^{里} \div 4.5 = 5^{里}$ ——乙每小时走的

原来，图是大家都懂得画了，而且一连这三个例题的图，简直就是一个，只是画的方法或说明不同。甲走了七小时半而比乙多走三小时，乙走了四小时半，而路程是二十二里半，上面的计算法，由图上看来，真是"了如指掌"呵！我今天才深深地感到对算学有这么浓厚的兴趣！

马先生在大家算完这题以后发表了他的议论：

"由这三个例子来看，一个图可以表示几个不同的题，只是着眼点和说明不同。这不是活鲜鲜的，很有趣味吗？原来例二、例三都是从例一转化来的，虽然面孔不同，根源的关系却没有两样。这类问题的骨干只是距离、时间、速度的关系，你们当然已经明白：

"速度 × 时间＝距离

"由此演化出来，便得：

"速度＝距离 ÷ 时间，时间＝距离 ÷ 速度。"

我们说："赵阿毛的儿子是赵小毛，老婆是赵大嫂子。

"赵大嫂子的老公是赵阿毛，儿子是赵小毛。

"赵小毛的妈妈是赵大嫂子，爸爸是赵阿毛。"

这三句话，表面上看起来自然不一样，立足点也不同，从文学上说，所给我们的意味、语感也不同，但表出的根本关系只有一个，画个图便是：

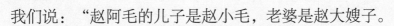

夫妻

母子

父子

　　照这种情形，将例一先分析一下，我们可以得出下面各元素以及元素间的关系：

1. 甲每小时行三里。
2. 甲先走三小时。
3. 甲共走七小时半。
4. 甲、乙都共走二十二里半。
5. 乙每小时行五里。
6. 乙共走四小时半。
7. 甲每小时所行的里数（速度）乘以所走的时间，得甲走的距离。

8. 乙每小时所行的里数（速度）乘以所走的时间，得乙走的距离。
9. 甲、乙所走的总距离相等。
10. 甲、乙每小时所行的里数相差二。
11. 甲、乙所走的小时数相差三。

1到6是这题所含的六个元素。一般地说，只要知道其中三个，便可将其余的三个求出来。如例一，知道的是1、5、2，而求得的是6，但由2、6便可得3，由5、6就可得4。例二，知道的是1、2、6，而求得5，由2、6当然可得3，由6、5便得4。例三，知道的是1、2、4，而求得5，由1、4可得3，由5、4可得6。

不过也有例外，如1、3、4，因为4可以由1、3得出来，所以不能成为一个题。2、3、6只有时间，而且由2、3就可得6，也不能成题。再看4、5、6，由4、5可得6，一样不能成题。

从六个元素中取出三个来做题目，照理可成二十个。除了上面所说的不能成题的三个，以及前面已举出的三个，还有十四个。这十四个的算法，当然很容易推知，画出图来和前三个例子完全一样。下面举了部分例子。

• 例四

甲每小时行三里[1]，走了三小时乙才动身[2]，他共走了七小时半[3]被乙赶上，求乙的速度。

$$3^里 \times 7.5 \div (7.5 - 3) = 5^里 \text{——乙每小时所行走的里数}$$

甲每小时行三里[1]，先动身，乙每小时行五里[5]，从后追他，只知甲共走了七小时半[3]，被乙追上，求甲先动身几小时？

$$7.5-3^{里}\times7.5\div5^{里}=3^{小时}\text{——甲先动身三小时}$$

乙每小时行五里[5]，在甲走了三小时的时候[2]动身追甲，乙共走二十二里半[4]追上，求甲的速度。

$$22.5^{里}\div(22.5^{里}\div5^{里}+3)=22.5^{里}\div7.5=3^{里}\text{——甲每小时所行的里数}$$

甲动身后若干时，乙动身追甲，甲共走七小时半[3]，乙共走四小时半[6]，所走的距离为二十二里半[4]，求各人的速度。

$$22.5^{里}\div7.5=3^{里}\text{——甲每小时所行的}$$
$$22.5^{里}\div4.5=5^{里}\text{——乙每小时所行的}$$

乙每小时行五里[5]，在甲动身若干时后追他，到追上时，甲共走了七小时半[3]，乙只走四小时半[6]，求甲的速度。

$$5^{里} \times 4.5 \div 7.5 = 22.5^{里} \div 7.5 = 3^{里}$$ ——甲每小时所行的

在这些题中，第七题只是应有的文章，严格地说，已不成一个题了。将这些题对照图来看，比较它们的算法，可以知道：将一个题中的已知元素和所求元素对调而组成一个新题，这两题的计算法的更改，正有一定法则。大体说来，总是这样，新题的算法，对于被调的元素来说，正是原题算法的还原，加减互变，乘除也互变。

前面每一题都只求一个元素，若将各未知的三元素作一题，实际就成了四十八个。还有，甲每时行三里，先走三小时，就是先走九里，这也可用来代替第二元素，而和其他二元素组成若干题，这样地推究多么活泼、有趣！而且对于研究学问实在是一种很好的训练。

本来无论什么题，都可以下这么一番功夫探究的，但前几次的例子比较简单，变化也就少一些，所以不曾说到。而举一反三，正好是一个练习的机会，所以以后也不再这么不怕麻烦地讲了。

把题目这样推究，学会了一个题的计算法，便可悟到许多关系相同、形式各样的题的算法，实不只"举一反三"，简直要"闻一以知十"，使我觉得无比快乐！我现在才感到算学不是枯燥的。

马先生花费许多精力，教给我们探索题目的方法，时间已过去不少，但他还不辞辛苦地继续讲下去。

追及问题

两个运动物体在不同地点同时出发，或者在同一地点不同时出发，或者在不同地点又不是同时出发作同向运动。在后面的，行进速度要快些，在前面的，行进速度慢些，在一定时间之内，后面的追上前面的物体，这类问题叫作追及问题。

相遇问题

　　甲、乙两人在东西相隔十四里的两地，同时相向动身，甲每小时行二里，乙每小时行一里半，两人几时在途中相遇？

14里

　　这差不多算是我们自己做出来的，马先生只告诉了我们，应当注意两点：第一，甲和乙走的方向相反，所以甲从 C 向 D，乙就从 A 向 B，AC 相隔十四里；第二，因为题上所给的数都不大，图上的单位应取大一些——都用二小段当一——图才好看，做算学也需兼顾好看！

　　由 E 点横看得 4，自然就是 4 小时两人在途中相遇了。

75

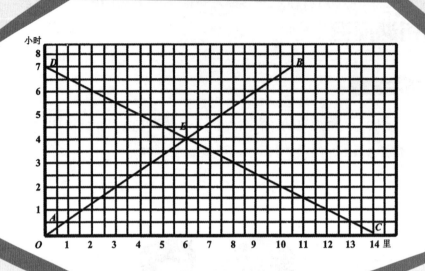

图 20

　　"趣味横生"，横向看去，甲、乙两人每走一小时将近三里半，就是甲、乙速度的和，所以算法也就得出来了：

$$14^{里} \div (2^{里} + 1.5^{里}) = 14^{里} \div 3.5^{里} = 4^{小时} \text{——所求的小时数}$$

　　这算法，没有一个人不对，算学真是人人能领受的啊！

　　马先生高兴地提出下面的问题，要我们回答算法，当然，这更不是什么难事！

1. 两人相遇的地方，距东西各几里？

$$2^{里} \times 4 = 8^{里} \text{——距东的}$$
$$1.5^{里} \times 4 = 6^{里} \text{——距西的}$$

2. 甲到了西地，乙还距东地几里？

$$4^{里} - 1.5^{里} \times (14 \div 2^{里}) = 14^{里} - 10.5^{里} = 3.5^{里} \text{——乙距东的}$$

•例二

从宋庄到毛镇有二十里，何畏四小时走到，苏绍武五小时走到，两人同时从宋庄动身，走了三时半，相隔几里？走了多长时间，相隔三里？

马先生说，这个题目的要点，在于正确地指明解法所在。他将表示甲和乙所走的行程、时间的

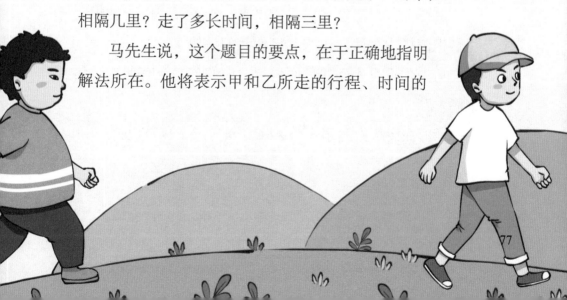

77

关系的线画出以后，这样问："走了三时半，相隔的里数，怎样表示出来？"

"从三时半的那一点画条横线和两直线相交于 FH，FH 间的距离，三里半，就是所求的。"

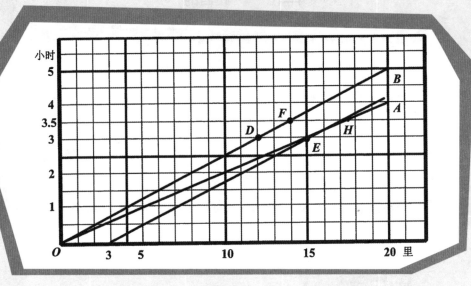

图 21

"那么，几时相隔三里呢？"

由图上，很清晰地可以看出来：走了三小时，就相隔三里。但怎样由画法求出来，倒使我们呆住了。

马先生见没人回答，便说："你们难道没有留意过斜方形吗？"

随即在黑板上画了一个 $ABCD$ 斜方形，接着说：

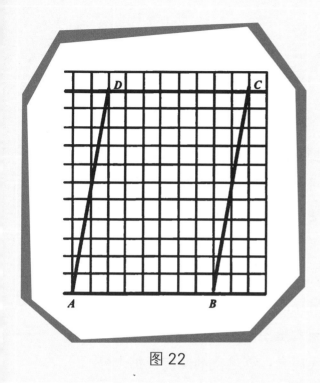

图 22

"你们看图 22 AD、BC 是平行的，而 AB、DC 以及 AD、BC 间的横线都是平行的，不但平行而且还一样长。应用这个道理，（图 21）过距 O 三里的一点，画一条线和 OB 平行，它与 OA 交于 E。在 E 这点两线间的距离正好指示三里，而横向看去，却是三小时，这便是解答。"

至于这题的算法，不用说，很简单，马先生没有提及，我补在下面：

$$（20^{里} \div 4 - 20^{里} \div 5）3.5 = 3.5^{里}$$ ——**走了三时半相隔的**

$$3^{里} \div （20 \div 4 - 20^{里} \div 5）= 3^{小时}$$ ——**相隔三里所需走的时间**

跟着，马先生所提出的例题更曲折、有趣了。

甲每十分钟走一里，乙每十分钟走一里半。甲动身五十分钟时，乙从甲出发的地点动身去追甲。乙走到六里的地方，想起忘带东西了，马上回到出发处寻找。花费五十分钟找到了东西，然后加快了速度，每十分钟走二里去追甲。若甲在乙动身转回时，休息了三十分钟，乙在什么地方追上甲？

"先来讨论表示乙所走的行程和时间的线的画法。"马先生说，"这有五点：出发的时间比甲迟五十分钟；出发后每十分钟行一里半；走到六里便回头，速度没有变；在出发地停了五十分钟才第二次动身；第二次的速度，每十分

乙花费50分钟找到东西。

乙忘记带东西，回到出发地寻找。

6里

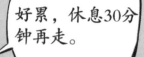
好累，休息30分
钟再走。

9里

钟行二里。"

依第一点，就时间说，应从五十分钟的地方画起，因而得 A。从 A 起依照第二点，每一单位时间——十分钟——一里半的定倍数，画直线到 6 里的地方，得 AB。

依第三点，从 B 折回，照同样的定倍数画线，正好到一百三十分钟的 C，得 BC。

依第四点，虽然时间一分一分地过去，乙却没有离开一步，即五十分钟都停着不动，所以得 CD。

依第五点，从 D 起，每单位时间，以二里的定倍数，画直线 DF。

至于表示甲所走的行程和时间的线，却比较简单，始终是以一定的速度前进，只有在乙达到6里B——正是九十分钟——甲达到九里时，他休息了三十分钟，停着不动，然后继续前进，因而这条线是GH、IJ。

两线相交于E点，从E点往下看得三十里，就是乙在距出发点三十里的地点追上甲。

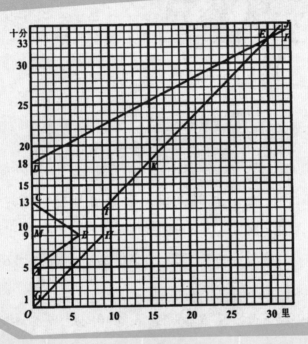

图 23

"从图上观察能够得出算法来吗？"马先生问。

"当然可以的。"没有人回答，他自己说，接着就讲题的计算法。

老实说，这个题从图上看去，就和乙在D所指的时间，用每十分钟二里的速度，从后去追甲一样。但甲这时已走到K，

82

所以乙需追上的里数，就是 *DK* 所指示的。

倘若知道了 *GD* 所表示的时间，那么除掉甲在 *HI* 休息的三十分钟，便是甲从 *G* 到 *K* 所走的时间，用它去乘甲的速度，得出来的即是 *DK* 所表示的距离。

图上 *GA* 是甲先走的时间，五十分钟。

AM、*MC* 都是乙以每十分钟行一里半的速度，走了六里所花费的时间，所以都是（6÷1.5）个十分钟。

CD 是乙寻找东西花费的时间——五十分钟。

因此，*GD* 所表示的时间，也就是乙第二次动身追甲时，甲已经在路上花费的时间，应当是：

$$GD = GA + AM \times 2 + CD = 50^分 + 10^分 \times (6 \div 1.5) \times 2 + 50^分 = 180^分$$

但甲在这段时间内，休息过三十分钟，所以，在路上走的时间只是：

$$180^分 - 30^分 = 150^分$$

而甲的速度是每十分钟一里，因而，DK 所表示的距离是：

$$1^里 \times (150 \div 10) = 15^里$$

乙追上甲从第二次动身所用的时间是：

$$15^{里} \div （2^{里} - 1^{里}） = 15 —— 个 10 分钟$$

乙所走的距离是：

$$2^{里} \times 15 = 30^{里}$$

这题真是曲折，要不是有图对着看，这个算法，我是很难听懂的。

马先生说："我再用一个例题来作这一课的收场。"

●例四

甲、乙两地相隔一万公尺，每隔五分钟同时对开一部电车，电车的速度为每分钟五百公尺。冯立人从甲地乘电车到乙地，在电车中和对面开来的车两次相遇，中间隔几分钟？又从开车到乙地之间，和对面开来的车相遇几次？

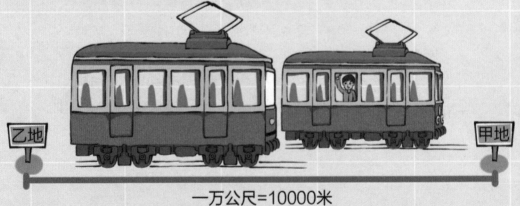

一万公尺=10000米

题目写出后，马先生和我们作下面的问答。

"两地相隔一万公尺，电车每分钟行五百公尺，几分钟可走一趟？"

"二十分钟。"

"倘若冯立人所乘的电车是对面刚开到的，那么这部车是几时从乙地开过来的？"

"二十分钟前。"

"这部车从乙地开出，再回到乙地共需多长时间？"

"四十分钟。"

"乙地每五分钟开来一部电车，四十分钟共开来几部？"

"八部。"

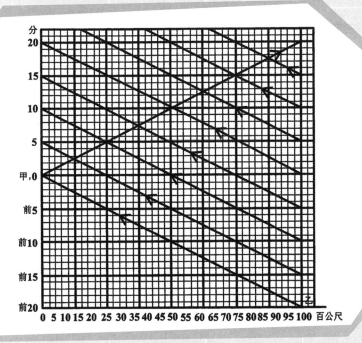

图 24

自然经过这样一番讨论，马先生将图画了出来，还有什么难懂的呢？

由图 24 一眼就可得出，冯立人在电车中，和对面开来的电车相遇两次，中间相隔的是两分半钟。

而从开车到乙地，中间和对面开来的车相遇七次。

算法是这样：

$$10000^{公尺} \div 500^{公尺} = 20^{分}——走一趟的时间$$
$$20^{分} \times 2 = 40^{分}——来回一趟的时间$$
$$40^{分} \div 5^{分} = 8——一部车自己来回一趟，中间乙所开的车数$$
$$20^{分} \div 8 = 2.5^{分}——和对面开来的车相遇两次，中间相隔的时间$$
$$8^{次} - 1^{次} = 7^{次}——和对面开来的车相遇的次数$$

"这课到此为止，但我还得拖个尾巴，留个题给你们自己去做。"说完，马先生写出下面的题，匆匆地退出课堂，他额上的汗珠已滚到颊上了。

今天足足在课堂上坐了两个半小时，回到寝室里，觉得很疲倦，但对于马先生出的题，不知为什么，还想继续探究一番，于是决心独自试做。总算"有志者事竟成"，费了二十分钟，居然成功了。但愿经过这次暑假，对于算学能够找到得心应手的方法！

06 时钟的两只针

"这次讲一个许多人碰到都有点儿莫名其妙的题目。"说完，马先生在黑板上写出：

• 例一

时钟的长针和短针，在二时、三时间，什么时候碰在一起？

我知道，这个题，王有道确实是会算的，但是很奇怪，马先生写完题目以后，他却一声不吭。后来下了课，我问他，他的回答是："会算是会算，但听听马先生有什么别的讲法，不是更有益处吗？"我听了他的这番话，不免有些惭愧，对于我已经懂得的东西，往往不喜欢再听先生讲，这着实是缺点。

"这题的难点在哪里？"马先生问。

"两只针都是在钟面上转，长针转得快，短针转得慢。"我大胆地回答。

"不错！不过，仔细想一想，便没有什么困难了。"马先生这样回答，并且接着说，"无论是跑圆圈，还是跑直路，

总是在一定的时间内，走过了一定的距离。而且，时钟的这两只针，好像受过严格训练一样，在相同的时间内，各自所走的距离总是一定的。——在物理学上，这叫作等速运动。一切的运动法则都可用速度、时间和距离这三项的关系表示出来。"在等速运动中，它们的关系是：

距离＝速度 × 时间。

现在根据这一点，将本题探究一番。

等速运动：

等速运动，也称为匀速运动，指物体在单位时间内所通过的距离相等的运动。

时钟问题与追击问题和相遇问题有什么不同？

"李大成，你说长针转得快，短针转得慢，怎么知道的？"
马先生向我提出这样的问题，惹得大家都笑了起来。当然，
这是看见过时钟走动的人都知道的，还成什么问题。不过马
先生特地提出来，我倒不免有点儿发呆了。怎样回答好呢？
最终我大胆地答道："看出来的！"

"当然，不是摸出来的，而是看出来的了！不过我的意思，
单说快慢，未免太笼统些，我要问你，这快慢，怎样比较出
来的？"

"长针一小时转六十分钟的位置，短针只转五分钟的位
置，长针不是比短针转得快吗？"

"这就对了！但我们现在知道的是长针和短针在六十分钟
内所走的距离，它们的速度是怎样呢？"马先生望着周学敏。

89

"用时间去除距离，就得速度。长针每分钟转一分钟的位置，短针每分钟只转十二分之一分钟的位置。"周学敏说。

"现在，两只针的速度都已知道了，暂且放下。再来看题上的另一个条件，正午两点钟的时候，长针距短针多远？"

"十分钟的位置。"四五人一同回答。

"那么，这题目和赵阿毛在赵小毛的前面十里，赵小毛从后面追他，赵小毛每小时走一里，赵阿毛每小时走十二分之一里，几时可以赶上——有什么区别？"

"一样！"真正地是众口一词。

这样推究的结果，我们不但能够将图画出来，而且算法也非常明晰了：

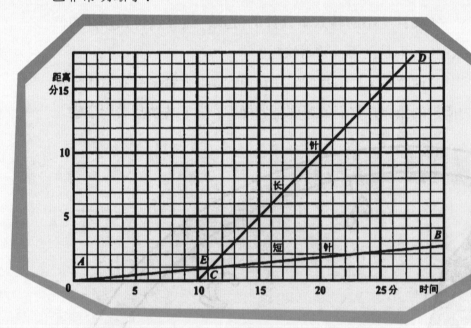

图 25

90

马先生说，这类题的变化并不多，要我们各自作一张图，表出：从零时起，到十二时止，两只针各次相重的时间。自然，这只要将前图扩充一下就行了。但在我将图画完，仔细玩赏一番后，觉得算学真是有趣味的科目。

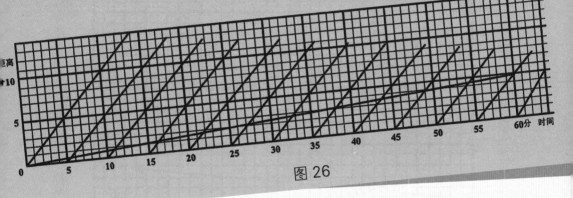

图 26

·例二

时钟的两针在二时、三时间，什么时候成一个直角？

马先生叫我们大家将这题和前一题比较，提出要点来，我们都只知道一个要点：

两针成一直角的时候，它们的距离是十五分钟的位置。

后来经过马先生的各种提示，又得出第二个要点：

在二时和三时间，两针要成直角，长针得赶上短针同它相重——这是前一题——再超过它十五分钟。

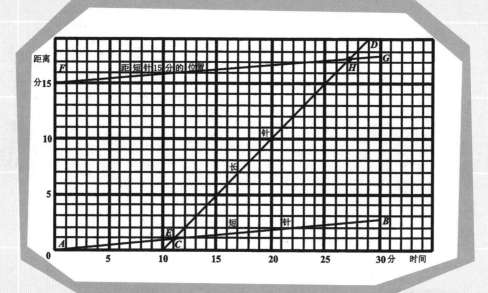

图 27

这一来，不用说，我们都明白了。作图的方法，只是在例一的图上增加一条和 AB 平行的线 FG，和 CD 交于 H，便指示出我们所要的答案了。这理由也很清晰明了，FG 和 AB 平行，AF 相隔十五分钟的位置，所以 FG 上的各点垂直画线下来和 AB 相交，则 FG 和 AB 间的各线段都是一样长，表示十五分钟的位置，所以 FG 便表示距长针十五分钟的位置的线。

　　至于这题的算法，那更是容易明白了。长针先赶上短针十分钟，再超过十五分钟，一共自然是长针需比短针多走 10 + 15 分钟，所以，

$$(10^分 + 15^分) \div (1 - \frac{1}{12}) = 25^分 \div \frac{11}{12} = 25^分 \times \frac{12}{11} = \frac{300^分}{11} = 27\frac{3^分}{11}$$

　　便是答案。

　　这些，在马先生问我们的时候，我们都回答出来了。虽然是这样，但对于我——至少我得承认——实在是一个谜。为什么我们平时遇到一个题目不能这样去思索呢？这几天，我心里都怀着这个疑问，得不到答案，不是吗？倘若我们这样寻根究底地推想，还有什么题目做不出来呢？我也曾问过王有道这个问题，但他的回答，使我很不满意。不，简直使我生气。他只是轻描淡写地说："这叫作：'难者不会，会者不难。'"

　　老实说，要不是我平时和王有道关系很好，知道他并不会"恃才傲物"，我真会生气，说不定要翻

难者不会，会者不难。

脸骂他一顿。——王有道看到这里，伸伸舌头说："喂！谢谢你！嘴下留情！我没有自居会者，只是羡慕会者的不难罢了！"——他的回答，不是等于不回答吗？难道世界上的人生来就有两类：一类是对于算学题目，简直不会思索的"难者"；一类是对于算学题目，不用费心思索就解答出来的"会者"吗？真是这样，学校里设算学这一科目，对于前者，便是白费力气；对于后者，便是多此一举！这和马先生的议论也未免矛盾了！怀着这疑问，有好几天了！从前，我也是用性质相近、不相近来解释的，而我自己，当然自居于性质不相近之列。但马先生对于这种说法持否定态度，自从听了马先生这几次的讲解以后，我虽不敢成为否定论者，至少也是怀疑论者了。怀疑！怀疑！怀疑只是过程！最后总应当有个不容怀疑的结论呀！这结论是什么？

　　被我们尊称为"马浪荡"的马先生，我想他一定可以给我们一个确切的回答。我怀着这样的期望，屡次想将这个问题提出来，静候他的回答，但最终因为缺乏勇气，不敢提出。今天，到了这个时候，我真忍无可忍了。题目的解答法，一经道破，真是"会者不难"，为什么别人会这样想，我们不能呢？

　　我斗胆问马先生："为什么别人会这样想，我们却不能呢？"

　　马先生笑容满面地说："好！你这个问题很有意思！现在我来说个题外话。"

　　"你们知道小孩子走路吗？"这话问得太不着边际了，大家只好沉默不语。他接着说："小孩子不是一生下来就会走路的，他先是自己不能移动，随后再练习站起来走路。只要不是过分娇养或残疾的小孩子，两岁总会无所倚傍地直立

步行了。但是，你们要知道，直立步行是人类的一大特点，现在的小孩子只要两岁就能够做到，我们的祖先却费了不少力气才能够呀！自然，我们可以这样解释，古人不如今人，但这并不能使人佩服。现在的小孩子能够走得这么早，一半是遗传的因素，而一半却是因为有一个学习的环境，一切他所见到的比他大的人的动作，都是他模仿的样品。

"一切文化的进展，正和小孩子学步一样。明白了这个

从爬行到直立行走，我用了1年左右。

人类从爬行到直立行走用了大概100万年左右。

道理，那么这疑问就可以解答了。一种题目的解决，就是一个发明。发明这件事，说它难，它真难，一定要发明点儿什么，这是谁也没有把握能够做到的。但，说它不难，真也不难！有一定的学力和一定的环境，继续不断地努力，总不至于一无所成。

"学算学，以及学别的功课都是一样，一面先弄清楚别人已经发明的，并且注意他们研究的经过和方法，一面应用这种态度和方法去解决自己所遇到的新问题。广泛地说，你们学了一些题目的解法，自然也就学会了解别的问题，这也是一种发明，不过这种发明是别人早就得出来的罢了。

"总之，学别人的算法是一件事，学思索这种算法的方法，又是一件事，而后一种更重要。"

　　对于马先生的议论，我还是持怀疑态度，总有些人比较会思索些。但是，马先生却说，不可以忘记一切的发展都是历史的产物，都是许多人的劳力的结晶。他的意思是说"会想"并不是凭空会的，要我们去努力学习。这话，虽然我还不免怀疑，但努力学习总是应当的，我的疑问只好暂时放下了。

　　马先生发表完议论，就转到本题上："现在你们自己去研究在各小时以后两针成直角的时间，你们要注意，有几小时内是可以有两次成直角的时间的。"

课后，我们聚集在一起研究，便画成了图28。我们将一只表从正午十二点旋转到正午十二点来观察，简直是不差分毫。我感到愉快，同时也觉得算学真是一个活生生的科目。

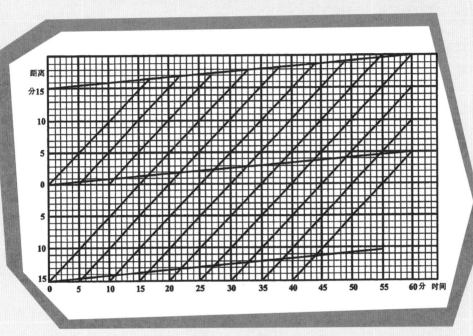

图 28

关于时钟两针的问题，一般的书上，还有"两针成一直线"的，马先生说，这再也没有什么难处，要我们自己去"发明"，其实参照前两个例题，真的一点儿也不难啊！

流水行舟

"这次，我们先来探究这种运动的事实。"马先生说。

"运动是力的作用，这是学物理的人都应当知道的常识。在流水中行舟，这种运动，受几个力的影响？"

"两个：一、水流的；二、人划的。"这我们都可以想到。

"我们叫水流的速度为流速；人划船使船前进的速度，叫漕速。那么在流水上行舟，这两种速度的关系是怎样的？"

"下行速度＝漕速＋流速；上行速度＝漕速－流速。"

这是王有道的回答。

王老七的船，从宋庄下行到王镇，漕速每小时 7 里，水流每小时 3 里，6 小时可到，回来需几时？

马先生写完了题问："运动问题总是由速度、时间和距离三项中的两项求其他一项，本题所求的是哪一项？"

"时间！"又是一群小孩子似的回答。"那么，应当知道些什么？"

"速度和距离。"有三个人说。

"速度怎样？"

"漕速和流速的差，每小时 4 里。"周学敏回答。

"距离呢？"

"下行的速度是漕速同流速的和，每小时 10 里，共行 6 小时，所以是 60 里。"王有道说。

101

"对的，不过若是画图，只要参照一定倍数的关系，画 AB 线就行了。王老七要从 B 回到 A，每时走 3 里，他的行程也是一条表一定倍数关系的直线，即 BC。至于计算法，这一分析就容易了。"

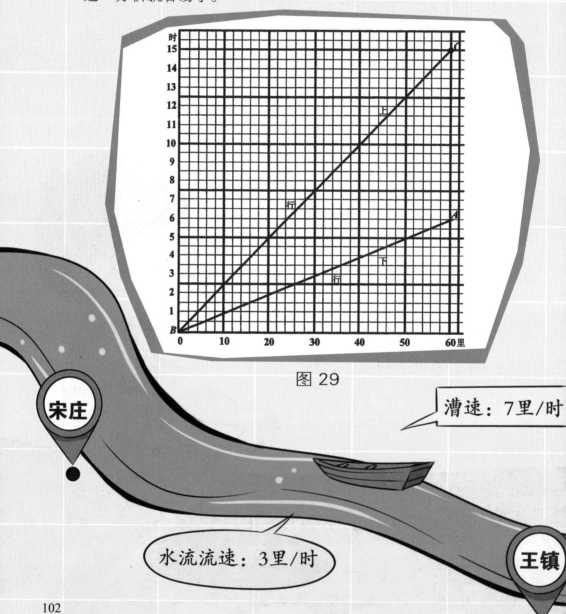

图 29

漕速：7 里/时

水流流速：3 里/时

宋庄

王镇

马先生不曾说出计算法，也没有要我们各自做，我将它补在这里：

$$（7^{里}+3^{里}）\times 6 \div （7^{里}-3^{里}）= 60^{里} \div 4^{里} = 15——时$$

知识归纳

流水行舟问题的公式如下：

顺流速度 = 船速 + 水流速度

逆流速度 = 船速 − 水流速度

静水速度（船速）=（顺水速度 + 逆水速度）÷ 2

水速 =（顺水速度 − 逆水速度）÷ 2

"今天有诗一首。"马先生劈头说，随即念了出来：

●例一

隔墙听得客分银，不知人数不知银。

七两分之多四两，九两分之少半斤。

"纵线用两小段表示一个人，横线用一小段表示二两银子，这样一来'七两分之多四两'怎样画？"

104

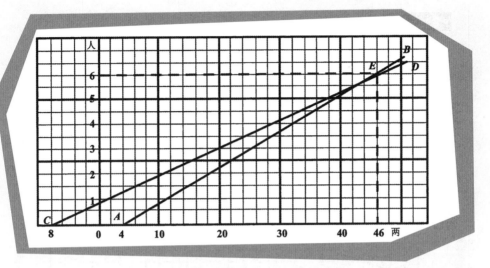

图 30

"先除去四两，便是'定倍数'的关系，所以从四两的一点起，照'纵一横七'画 AB 线。"王有道回答。

"那么，九两分之少半斤呢？""少"字说得特别响，这给了我一个暗示，"多四两"在 0 的右边取四两；"少半斤"就得在 0 的左边取八两了，我于是回答："从 0 的左边八两那点起，依'纵一横九'，画 CD 线。"

AB 和 CD 相交于 E，从 E 横看得六人，竖看得四十六两银子，正合题目。

由图上可以看出，CA 表示多的和少的两数的和，正是（4+8），而每多一人所差的是 2 两，即（9−7），因此得算法：

$$（4+8）÷（9-7）=6——人数$$
$$7×6+4=46——银两数$$

105

儿童若干人，分铅笔若干支，每人取四支，剩三支；每人取七支，差六支，平均每人可得几支？

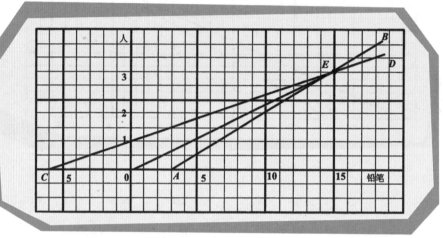

图 31

马先生命大家先将求儿童人数和铅笔支数的图画出来，这只是依样画葫芦，自然手到即成。大家画好以后，他说："将 0 和交点 E 连起来。"接着又问，"由这条线上看去，一个儿童得多少支铅笔？"

啊！多么容易呀！三个儿童，十五支铅笔。每人四支，自然剩三支；每人七支，相差六支，而平均正好每人五支。